高等院校艺术设计类专业
案例式规划教材

室内设计表现技法

主　编　袁玉华　刘　飞

副主编　李景良　李文凤

　　　　李劲江　李祖鹏

参　编　朱学颖

U0362996

华中科技大学出版社
http://www.hustp.com

内容提要

　　室内设计表现技法作为建筑设计、景观园林设计和环境艺术设计专业不可或缺的核心课程，可培养学生的空间方案构思能力、造型能力和实践能力。本书参阅了国内外相关专著及优秀手绘设计作品，结合作者多年的设计教育教学与实践经验编写而成。本书从环境艺术设计等专业的角度出发，详细介绍了线条基础、蒙图磨笔、透视基础、马克笔表现、风景写生、快题设计等技巧与方法，并附有大量手绘作品。本书可作为建筑设计、景观园林设计、室内外环境设计等专业的教材，也可供相关专业设计人员及广大手绘爱好者学习使用。

图书在版编目（CIP）数据

室内设计表现技法 / 袁玉华，刘飞主编. -- 武汉：华中科技大学出版社, 2017.9 （2021.8重印）
高等院校艺术设计类专业案例式规划教材
ISBN 978-7-5680-2750-2

Ⅰ.①室… Ⅱ.①袁… ②刘… Ⅲ.①室内装饰设计－绘画技法－高等学校－教材 Ⅳ.①TU204.11

中国版本图书馆CIP数据核字（2017）第081323号

室内设计表现技法
Shinei Sheji Biaoxian Jifa

袁玉华　刘　飞　主编

策划编辑：金　紫

责任编辑：周永华

封面设计：原色设计

责任校对：祝　菲

责任监印：朱　玢

出版发行：华中科技大学出版社（中国·武汉）　　电话：（027）81321913
　　　　　武汉市东湖新技术开发区华工科技园　　邮编：430223

录　　排：湖北振发工商印业有限公司

印　　刷：广东虎彩云印刷有限公司

开　　本：880mm×1194mm　1/16

印　　张：7

字　　数：152千字

版　　次：2021年8月第1版第2次印刷

定　　价：42.80元

手绘草图不仅是绘图、画画，更是设计的艺术！

室内设计相对于建筑设计来说，与艺术的关系更近。在西方艺术史上，无数艺术家终身追求艺术创新，如毕加索、塞尚、罗丹、梵高、康定斯基、蒙得里安……他们把艺术从现实世界带到抽象领域，创造了全新的视觉美学。从文艺复兴时期的璀璨群星，到印象派、野兽派、立体派、抽象派，作为一位设计师需要多去了解各个门类的艺术，学习艺术家们的探索精神。

草图是创作者重要的思维表达方式和创意方案创作过程。创意创作实际是一种对艺术意象群的深度开发。意象群是创作者日常积累在其心灵深处的艺术宝藏，就像能滋润万物的地下水一样，当它被自然引导出来就变成了清澈甘甜的山泉。手绘草图也如这涓涓细流，点点滴滴地从创作者的大脑中流淌出来。这种草图画面随即反馈到创作者的大脑，能激发创作者更多的灵感，调动起创作者更高的热情。创作者是用绘画的语言来解读和表达物象的。一幅作品所表达的东西是创作者熟悉的和理解的，是能引起观者情感共鸣的东西。创作者随着创作的深入，常被带入沉思冥想的状态，此时大量意象活跃在笔端，创意的火花不时显现，像闪电，像雷鸣，像滔天海啸，像汹涌山洪，又像股股清泉。草图手绘是一种冷静与狂热交错的思考。手绘能诱导出伟大的创意设计是毋庸置疑的。

草图手绘是一种通过画面诱导创意的设计艺术。这就是为什么历代艺术家如张大千、达·芬奇、毕加索、米开朗基罗、罗丹等在创意过程中总是进行大量草图构思的原因。建筑大师勒·柯布西耶在设计朗香教堂的过程中就画了大量草图，直到帽型意象的出现才罢休。丹麦设计师伍重参加了悉尼歌剧院方案的竞选，他的手绘草图呈现出帆船、贝壳的意象，最终使方案胜出。埃菲尔铁塔也产生于设计师埃菲尔的大量草图构思中。大量的设计草图中终会诞生惊人的杰作。

草图能让创造性意象在画中迸发，并在冷静思考中臻于成熟。手绘草图是创作思维的外在表现。在本人的设计艺术生涯当中，几千个创意设计方案就是产生于沉思与草图手绘的过程之中。

画家在画布上打稿，反复修改手绘艺术草图，是在寻求某种创意的草图创作过程；时装设计中一张张或具体或抽象的线稿和色稿也都是草图；工业产品设计师同样是经过推敲众多的草图来达到完善产品造型设计的目的，可见草图手绘的有效性。草图是感性与理性的糅合，是对世界内在结构的认知。

艺术写生把自然界的众多具体物象提炼成意念与意象，是一种具有更多内涵的手绘草图艺术，水彩画、速写、泼墨都应用了草图艺术创作的手法技巧。书法艺术、数学家的公式推导、诗人的手稿、发明家的假设都可看作是另类的草图。

草图所表达的是一种推敲与假设。设计创意艺术本身就是假设再假设，推敲再推敲，用草图来表达这种假设十分便捷。通过草图假设一百种方案比在计算机中模拟十个方案要方便得多、快得多。计算机是一种有效的绘图表达工具，但它目前还只能得到理性的造型，而草图作品反映了理性的思考与感性的表达，是一种有生命力的交流与对话。计算机得到的是严谨、逼真、实景般的图形图像；草图艺术得到的是诗、故事、意象、灵感、艺术灵魂，甚至蕴含更为深刻的哲学理解与表达。

本书由袁玉华、刘飞担任主编，李景良、陕西科技大学李文凤、珠海艺术职业学院李劲江、李祖鹏担任副主编，珠海艺术职业学院朱学颖参与编写。具体的编写分工为：第一章、第六章、第七章由袁玉华编写，第二章、第三章、第四章由刘飞编写，第五章由陕西科技大学李文凤编写，第八章由李景良编写。

2017年5月29日

目录
Cotents

第一章
基础线条课程

章节
导读

■ 线条的调性及运用。
■ 线条在室内设计元素中的表现。

第一节
线条之窍门

画线条时要注意以下几个要点。

（1）线条要连贯，一气呵成，切忌迟疑。

（2）切忌重复表达一根线。

（3）下笔肯定、流畅，切忌收笔有回线。

（4）出现短线时切忌接着原来的端点继续画，应空开一点距离再开始。

（5）排线切忌乱排，基本规律是平行于边线和透视线，或者垂直于画面。

（6）画图的时候注意交叉点的画法，线与线之间应该相交，并且延长，这样交点处就有厚重感，在画的过程中线条有的地方要留白，笔断意连。

（7）画各种物体应该先了解它的特性和调性，便于选择合适的线条去表达。

在草图表现中使用的线条应该依据物体本身的特质进行选择，如表现出木材的稳重、石材的古拙、玻璃的犀利等。

2

第二节
不同线条的性格

直线：快速、均匀、硬朗，多表达坚

硬的质地（图1-1）。

曲线：缓慢、随意，多用来表现植物、布艺、花艺等（图1-2）。

（重）　　　　　　　　（轻）　　　　　　　　（重）

图1-1　直线的轻重性格

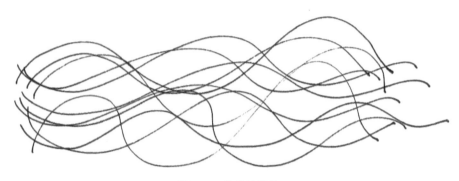

图1-2　曲线的性格

第三节
了解不同材质

在进行设计表达的过程中，我们需要表达不同的空间艺术，不同氛围中的不同材质。我们要熟练掌握线条，运用不同形式的线条，通过线条的疏密、转折变化来表现不同材质。

（1）瓷器、马赛克拼贴。

（2）不同形式的藤编、瓷砖拼贴、大理石。

（3）鹅卵石、碎石、毛石。

（4）木质格栅、瓷器、青石拼贴、窗帘布艺、植物、玻璃。

第四节
画线条姿势

坐姿对于练习手绘来说至关重要，要保持良好的坐姿和握笔习惯。一般来说，人的视线应尽量与台面保持垂直，以手臂带动手腕用力。握笔和发力的方法如表1-1所示。

表1-1　握笔和发力方法

方　　法	支　撑　点	效　　果
手腕转动	整个小臂	不直
肘部转动	肘关节	一般直
肩部转动	肩胛骨	直
腰部转动	双腿	非常直

第五节
不同线条的练习

线条主要有两种：直线和曲线。确切地画出种种表现线条，能使每根线条都意有所指。因此，线条的练习是必不可少的。

1. 直线的练习

直线在手绘表现中最为常见，大多形体都是由直线构筑而成的，因此，掌握好直线画法是很重要的。画出的线条要直并且干脆利落而又富有力度，绘制时要逐渐增加画线的速度和所画线的长度，循序渐进，才能逐步提高徒手画线的能力，画出既活泼又顺直的线条。

2. 曲线的练习

曲线练习是学习手绘表现过程中的重要环节。曲线使用广泛，且运笔难度高。在练习过程中，熟练灵活地运用笔与手腕之间的力度，可以表现出丰富的线条。

第六节
线条疏密组合练习

通过前期不同类型线条的练习，掌握了线条的习性。通过线条的组合排列，可展现一定的疏密变化与韵律，在练习时要求运笔速度均匀。

第七节
线条变化在形体中的运用

生活中的物体千姿百态，但归根结底都是由方形和圆形这两种基本形组成的。特别是在室内陈设中，如沙发、茶几、柜子等都是由立方体演变而成的。因而，准确绘出几何形体对于室内空间的表现是很有帮助的。

在具体应用线条时要抓住形体外轮廓，找准消失点，加重转折点，强调形体转折关系，检查画面消失点，避免透视出错，熟练表现出不同风格、不同角度的单体陈设。陈设在室内空间中占有很大的比例，对室内环境起着重要的作用。它不仅仅是室内的点缀，同时也反映了设计的品质和设计映射于空间中的细节与灵魂。**室内陈设主要分为实用性陈设和装饰性陈设。**

陈设设计的基本元素如下。

（1）实用性陈设分为家具类、家电类和洁具类（图1-3~图1-6）。

①家具类：沙发、茶几、餐台、酒柜、书柜、梳妆台、床等。

②家电类：灯具、电视、音响、计算机、冰箱、洗衣机、空调等。

③洁具类：浴缸、马桶、洗手台、面盆等。

（2）装饰性陈设分为艺术品、工艺品、纪念品和收藏及观赏品（图1-7~图1-10）。

①艺术品：壁画、挂画、圆雕艺术品、浮雕艺术品、书法艺术品、摄影艺术品、陶艺艺术品、漆艺艺术品等。

②工艺品：玉器、玻璃器皿、屏风、刺绣、竹木等。

③纪念品：奖杯、奖状、证书等。

④收藏及观赏品：盆景、花卉、鸟鱼、邮票、标本等。

4

图1-3　实用性陈设1

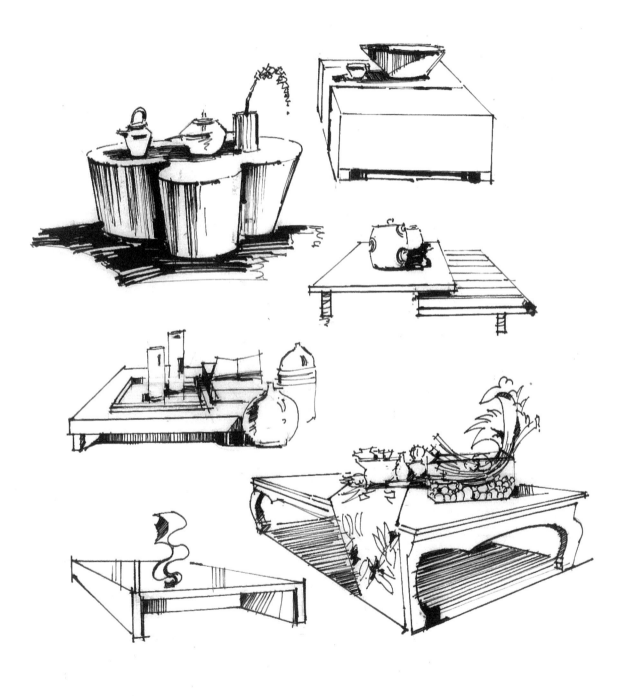

图1-4 实用性陈设2

6

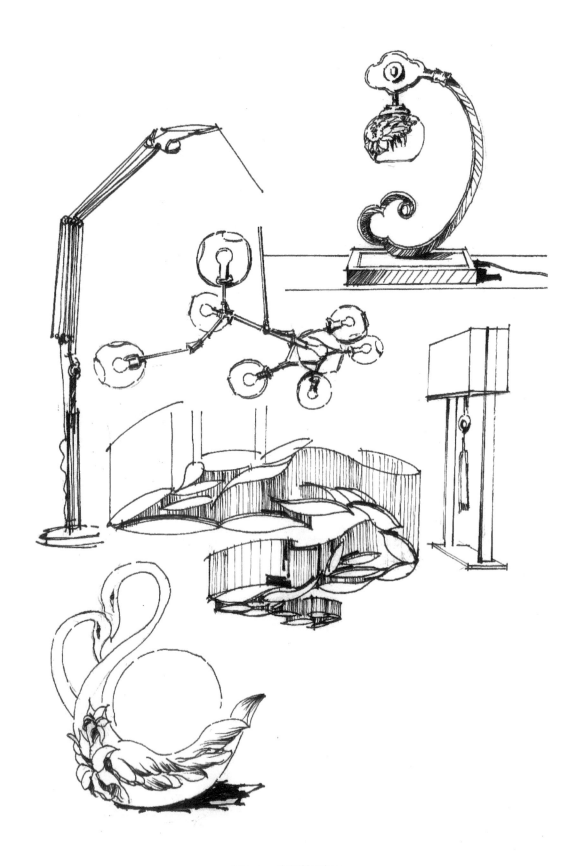

图1-5　实用性陈设3

图1-6　实用性陈设4

图1-7　装饰性陈设1

图1-8　装饰性陈设2

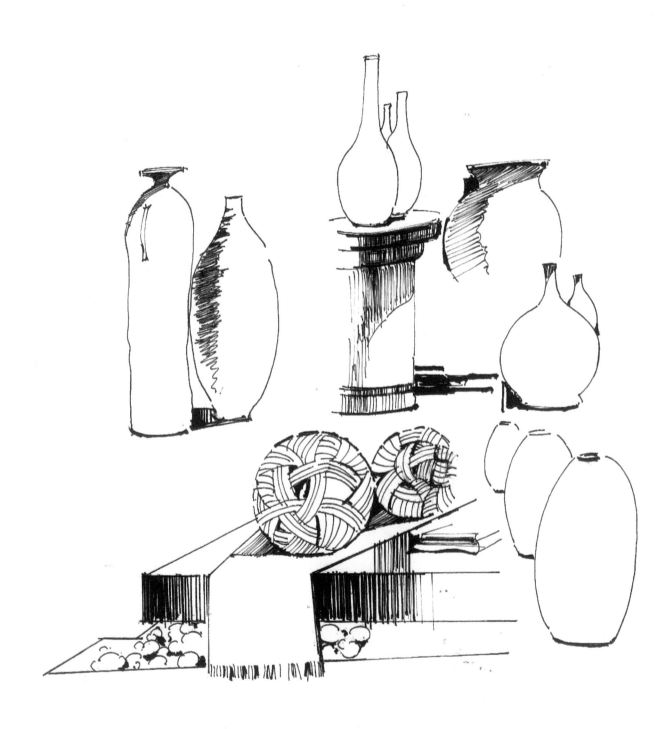

图1-9　装饰性陈设3

图1-10　装饰性陈设4

小贴士

在室内设计的陈设艺术品表现范畴中，如灯饰形态各异，造型多变，记住几种常见的表达方式即可，重点把握基本的透视关系，保证画面对称。在表达灯具时，灯具的对称和灯罩的透视尤为重要。灯罩的透视很难准确地把握，需要先透彻理解，总结出简单直接的方法，再去深入刻画。

本 / 章 / 小 / 结

本章介绍了线条的绘制基础，对线条的绘画窍门、性格、表现材质的方式、画线姿势、练习方式及运用进行了阐释。在实际应用中，可利用表现力丰富的线条，快速表现室内空间或建筑形体，进行速写训练，这能够培养学生敏锐的观察力和概括表达能力，是写生及收集设计素材最有效的设计表达方式。

思考与练习

　　在1小时内创作线条创意设计作品1幅，掌握快速草图表现与创意设计的技法，培养短时间快速设计的创意思维能力，开发设计创意思维，进行快速草图表现。

**章节
导读**

■ 蒙图磨笔的作用与意义。
■ 蒙图磨笔的要点。

第一节
蒙图磨笔的学习要点

蒙图磨笔是比照前人的优秀作品进行临摹、描红，以锻炼绘画的熟练程度和对其研究对象进行深入理解。学习蒙图磨笔有以下几个要点。

1. 理解建筑结构关系

临摹前必须认真观察建筑的结构，先看清楚然后动笔，做到心中有形，下笔有神，也就是我们常说的胸有成竹。

2. 理解疏密关系

把握疏密关系不能局限于建筑本身的疏密关系，否则很容易把画面处理成工程图的效果，需要在画的过程中去进行艺术处理并强调疏密关系，使画面形成强烈的视觉对比。如果要使画面灵动而富有变化，必须巧妙地处理好疏密与虚实关系（图2-1）。

空白是无画处、虚处。疏与密是相对而言的，"虚实相生和无画处皆成妙境"，即疏密有致可以打破构图中的平均布置。"虚中有实，实中有虚"，虚与实在意境中不仅相辅相成，而且相互转化。

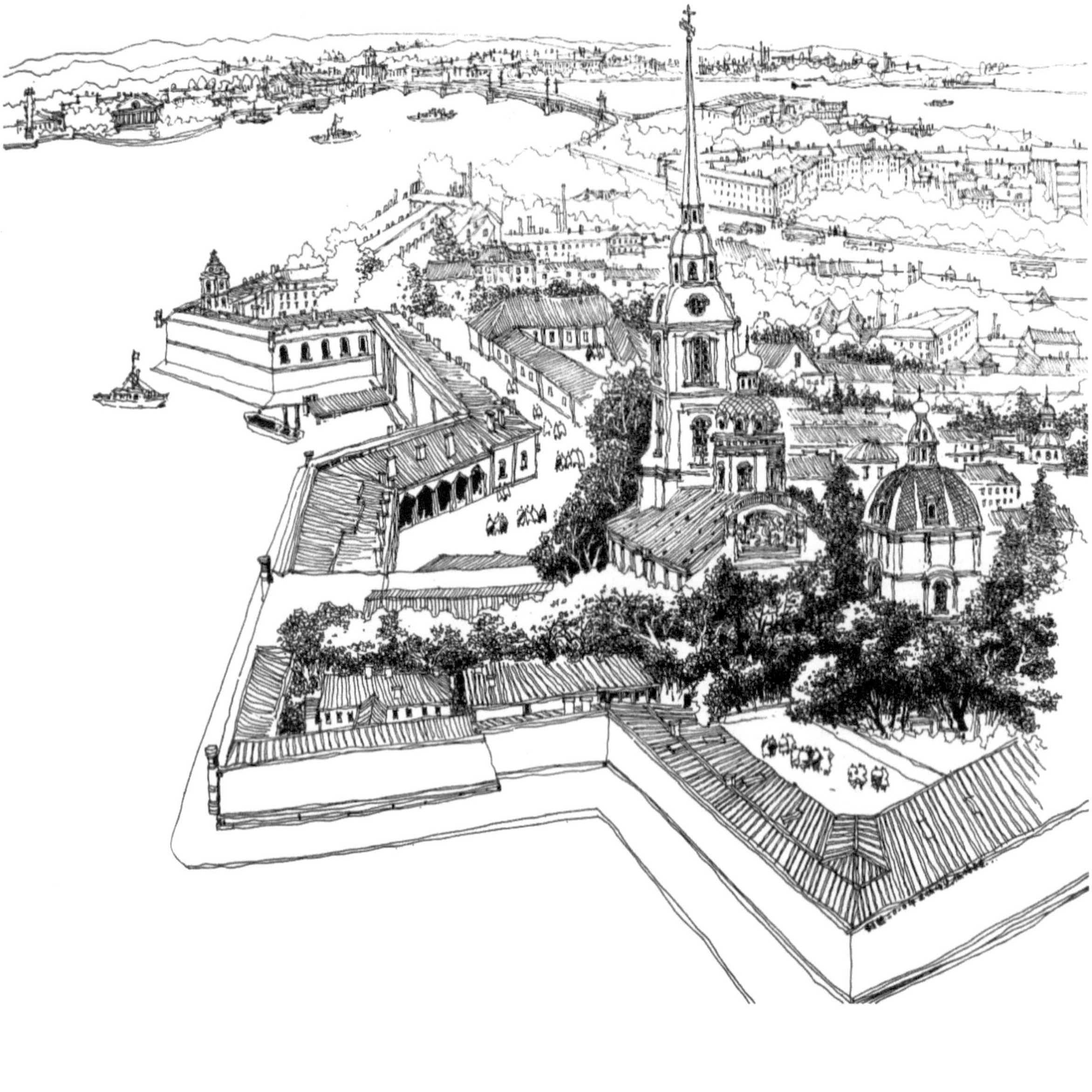

图2-1 彼得堡兔岛鸟瞰（郑昌辉 作）

3. 理解光影作用

没有光的建筑是不存在的，光线的照射，使物体获得自身的形式，并使静止的形式产生生机。

在建筑空间的营造中，**由光影所构成的氛围不仅仅具有装饰作用，而且对建筑空间也起到重要的烘托作用**，让空间充满活力、具有层次。光与建筑空间的完美结合能营造或幽暗或明朗的意境。

第二节
磨笔的作用与意义

磨笔类似书法中的临帖，其过程单调、枯燥甚至乏味，但却是手绘入门的基本功夫。通过磨笔磨炼心性，正如王羲之的墨池，达·芬奇画蛋，潜心学习的第一步是"静心""修心"。

磨笔训练不失为锻炼"静心"的好方式，同时也是一种研究建筑结构、建筑风格的方法。透过磨笔图片可窥见庄重朴素的古罗马建筑、追求多变的哥特式建筑、文艺复兴时期的巴洛克式建筑等。

第三节
建筑磨笔的步骤

建筑磨笔的步骤如下。

步骤一：勾勒建筑轮廓，找准结构关系。

步骤二：勾画植物可以先从整体入手，确定植物与建筑之间的遮挡关系。

步骤三：确定光源，表达光影关系。

步骤四：通过建筑光影关系进一步表达材质特征。

步骤五：补充地面材质，完善构图，完成刻画。

第四节
建筑细节磨笔

细节是建筑的灵魂，通过对细节的蒙图，可了解建筑细节结构。蒙图之初要求造型严谨，把握建筑结构关系，切忌构图呆板。

1. 蒙图磨笔要点

（1）将硫酸纸左侧用胶带固定在磨笔书上，留出右侧便于翻动。

（2）在磨笔过程中，尽量避免手和硫酸纸直接接触，以免弄花画面。

（3）尽可能选用一次性针管笔。

2. 蒙图磨笔步骤

步骤一：勾勒轮廓，找准结构关系。

步骤二：确定光源，画出大致明暗关系。

步骤三：深入刻画，注意暗部细节。

步骤四：补充场景，完善构图。

步骤五：对主体细节进行补充，完成刻画（图2-2）。

注意形体的转折、前后关系的处理以及对画面整体感的把握。

在进行蒙图磨笔的练习中不仅仅是拓印优秀设计师的线条，领会其运笔技巧，更要领会设计师赋予画面的氛围和情感。

图2-2　室内空间表现（尚龙勇 作）

小贴士

　　不同形态的线条构成的画面有着不同的情感和内涵表达。如竖线可以表现挺拔、向上、崇高；横线可以表现平稳、开阔、舒展；三角形线条可以表现稳定、牢固；斜线可以表现活泼、动感；放射线可以表现奔放、激情等。在进行蒙图磨笔训练时要注意线条的细微变化，领会创作者的意图。

本 / 章 / 小 / 结

　　本章介绍了蒙图磨笔的学习要点，并对其作用及意义进行了阐释，还对建筑磨笔的步骤及建筑细部磨笔进行了讲解。与照着原作画的临摹不一样，蒙图更加注重对原作各方面的参照性。在蒙图过程中，不仅要学习技法、侧重蒙图的过程，还要注意学习蒙图对象的构图方式、表现手法，最终应用到实践中去。

思考与练习

　　绘制建筑、室内手绘蒙图磨笔作品各1幅，从中体会建筑结构及建筑各要素之间的光影关系，体会优秀作品的绘制技巧。

第三章
透视基础课程

章节导读

■ 透视基础。
■ 空间透视的理解及应用。

第一节
透视的基本原理

透视是人们观看物象时，由于人们所处位置的不同，物象的大小、面积等不同，人们获得远近、大小、粗细等不同的感知的现象。如看距离不同的相同物象，距离越近在视网膜上的成像越大，距离越远在视网膜上的成像越小。

可简单地概括为**近大远小、近实远虚、近高远低**。

第二节
透视的分类

在现实生活中，视觉产生的空间感体现透视的空间形象，所以在认知了物体的形状、体积要素之后，要从透视的角度来探讨空间的视知觉。透视主要分为一点透视、两点透视等。

1. 一点透视

（1）定义：也称平行透视，当形体的一个主要面平行于画面，其他的面垂直

透视还包括三点透视，也称斜角透视，适用于高层建筑的描绘和表现，在俯视和仰视的的视角下会产生三点透视。这种透视方法适合用于绘制建筑鸟瞰全景图和仰视图。

于画面，斜线消失在一个点上所形成的透视称为一点透视。

（2）一点透视的优缺点。

优点：应用最多，容易接受；庄严稳重，能够表现主要立面的真实比例关系，变形较小，适合表现大场面的纵深感。

缺点：透视画面容易呆板，不够活泼。

（3）注意事项：一点透视的消失点在视平线上稍稍偏移画面1/4至1/3为宜。在室内效果图中视平线一般定在整个画面靠下1/3左右的位置。

（4）绘制室内一点透视徒手表现图有以下几个步骤。

①把主体墙线确定出来，线条注意张弛有度。

②把家具的位置和高度根据透视和构图原理确定下来。

③进一步深入刻画，根据画面需要添加植物和相关配景。

④整体调整画面，加强画面空间层次感，适当交代物体阴影（图3-1）。

2．两点透视

（1）定义：两点透视也称成角透视。在两点透视图中，空间物体的所有正面与画面成斜角。它的每一条线分别消失于视平线左右两个灭点上，其中，斜角大的一面的灭点距心点近；斜角小的一面的灭点距心点远。

（2）两点透视的优缺点。

优点：自由、活泼、富有立体感，最符合正常的视觉感知，反映的空间比较接近于人的真实感受。其画面灵活、富有变化，表现内容少，适用于表现小空间。

缺点：在角度的选择上要谨慎，若角度不对，容易产生变形。常见的问题就是视平线分离，也就是同向成角线的灭点分离问题。

第三节
透视表现步骤图

下面通过室内一点透视和两点透视的表现步骤图来展现透视图的画法。

1．室内一点透视表现步骤图

步骤一：根据平面图、视点及尺度比例，画出基面，定出视平线及消失心点，拉出墙角线（图3-2）。

图3-1　室内一点透视图

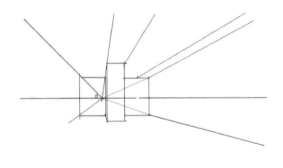

图3-2　确定墙角线

步骤二：根据尺度关系，画出立面造型分界线及主要陈设的投影位置（图3-3）。

步骤三：根据物体的尺度继续深入画出造型的宽度、陈设的高度及细节结构（图3-4）。

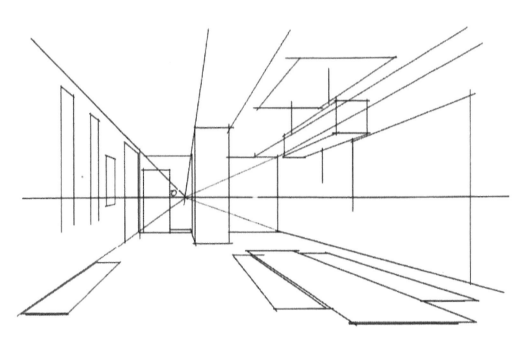

图3-3　确定造型分界线及投影位置

图3-4　确定细节结构

步骤四：强化结构及冷暖关系，深入刻画细节，画出画面的主次和虚实关系（图3-5）。

2. 室内两点透视表现步骤图

步骤一：确定大体的墙体透视线（图3-6）。

图3-5　深入刻画细节

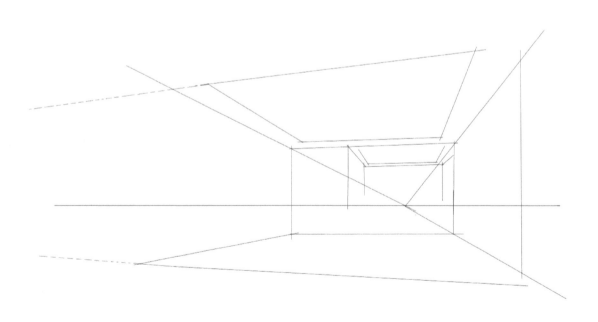

图3-6　确定墙体透视线

步骤二:把地面和天花板的大体结构勾勒出来（图3-7）。

步骤三：确定家具的位置、高度和大体结构，精确表现远景墙面的相关物件（图3-8）。

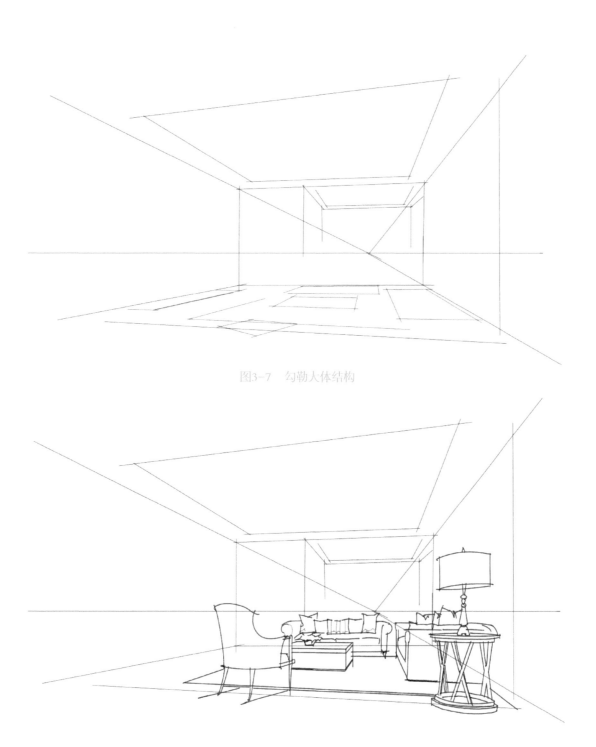

图3-7　勾勒大体结构

图3-8　确定位置、高度、结构

步骤四：深入刻画。根据空间需要把相关家具明确刻画出来，交代地毯和沙发的材质，丰富画面细节（图3-9）。

步骤五：整体调整画面，加强画面空间层次感和虚实关系（图3-10）。

图3-9　深入刻画

图3-10　调整画面

小贴士

学习透视就是研究在平面上表现立体造型的方法与规律。只有熟练掌握透视理论和技法，才能准确而迅速地进行草图表现，才能把现实生活中物体的空间位置、大小比例和色彩变化正确地表现出来。

本 / 章 / 小 / 结

本章重点讨论了室内设计表现中的透视基本原理及其分类，对透视表现的步骤进行了分析。在实际绘制中，透视点的正确选择对效果图的表现效果尤为重要，经典的空间角度、丰富的空间层次，只有通过理想的透视点才能完美展现，可将画面最需要表现的部分放在画面中心，对较小的空间要进行有意识的夸张表现。

思考与练习

绘制室内一点、两点透视手绘作品各1幅，通过透视学规律进行专业设计思维的表达。

第四章
马克笔表现课程

章节
导读

■ 马克笔的特性及笔法、技法要领。
■ 画面效果的处理。

第一节

马克笔的特性

油性马克笔以二甲苯（或医用酒精）为颜料溶剂，具有色彩透明度高、易挥发的特性。一支笔用不了多久就会干涩，此时若注入适量溶剂仍可继续使用。马克笔的色彩相对比较稳定，但也不宜久放，作品最好及时扫描存盘。另外马克笔不可调色，所以选购时颜色多多益善，特别是灰色系和复合色系。纯度很高的色彩多用以点缀画面效果，使用较少，可用彩铅代

替。

马克笔表现技法与水粉表现技法接近，也分干画和湿画。

（1）干画指底色干透后再叠加，这时笔触效果明显，多用于表现特殊质感、纹理和硬质材料的光感、倒影等。

（2）湿画指底色没干时紧接着画第二遍，两种色彩有相溶效果，没有生硬的笔触感。浅色与深色融合后显得更自然细腻。

用马克笔绘画时多用深色叠加浅色，反过来的话浅色会稀释深色而使画面变

"脏"，但有时也需要浅色叠加深色形成溶色效果。同一支马克笔每叠加一遍色彩就会加重一级（三遍后就基本没变化了）。应尽量避免用不同色系的笔大面积叠加，如红和紫、黄和蓝、红和蓝、暖灰和冷灰等，不然色彩会变浊，且显得很"脏"（图4-1）。

图4-1　马克笔特性的表现

第二节
马克笔的笔法

马克笔的笔法分为直线笔法、循环重叠笔法和组合点笔法。

1. 直线笔法

直线笔法在马克笔表现中是基础技法，也是较难掌握的笔法，所以应从直线练习开始。画直线时下笔要果断，起笔、运笔、收笔的力度要均匀。

不同的面要有不同的排列方式。如果高和宽的比例超过2∶1，要横向排列；如果宽和高的比例超过2∶1，则要竖向排列；正方形可竖排、横排，也可交叉排列。

2. 循环重叠笔法

一幅画中的物体如果全用直线笔触表现，画面就会显得很僵硬，整体感较弱。明显的笔触可以丰富画面效果，使画面不至于呆板，但画面还应以大块的色彩来表现。循环重叠笔法使用较多，它能产生丰富自然且多变的微妙效果。如物体的阴影部分和玻璃、织物、水等的质感（图4-2）。

图4-2　循环重叠笔法的效果

马克笔按照色彩系列可以分为六大类：灰色马克笔系列（有冷灰色系和暖灰色系之分）、红色马克笔系列、黄色马克笔系列、蓝色马克笔系列、棕色马克笔系列、绿色马克笔系列。其中灰色马克笔系列与其他色系的互相叠加、调和使用，可以得到不一样的层次变化效果。

3. 组合点笔法

组合点笔法多用于树叶与投影的表现，有时也会用于刻画一些毛面，表现其明暗过渡和质感。这种笔法充分利用笔头的结构，根据需要可灵活调整笔头角度，表现出丰富的效果。

第三节
笔法练习

手绘图表现无论是用马克笔、彩铅还是用水彩，空间处理手法都是一样的，都是主要表现对象的质感和光感。

练习马克笔表现图，要熟悉笔性和掌握笔感。单色快速绘图法是一种很好的训练方式，既能训练笔感、技巧又能提升空间感的表现力（图4-3）。可以选择不同的单体和空间来练习，以掌握不同的表现方式。

1. 技法要领

（1）用笔：画面中鲜艳的颜色一定不要用一支笔平涂，要注意过渡，如果复合色较少，可借助彩铅。有时寥寥几笔就能表现材质（图4-4）。

绘制马克笔表现图还要注意：无论是墙面、地面还是天花，一定要沿透视线的方向运笔。一点透视图中地面和天花的运笔方向和视平线平行，墙面可以沿消失点方向运笔，也可以垂直运笔；两点透视图中地面和天花的运笔方向可沿室内的消失点方向，也可以沿室外的消失点方向，后者较为常用，墙面可以沿室内消失点方向运笔，也可垂直运笔。

图4-3　马克笔练习图1

（2）虚实过渡：严谨的马克笔表现图要注意到每个面的虚实过渡变化，哪怕是最小的饰品。大体块的天花、墙面和地面是空间感的重要体现部位，可以从远到近过渡，也可以从近到远过渡，应结合画面场景氛围和画面需要灵活处理。墙面和物体的立面还要注意上下的过渡，此时要根据光源来确定：受光面是上浅下深过渡，背光面刚好相反（图4-5）。

（3）黑色材质：黑色材质的表现比较难把握。黑色材质受光和环境的影响同样会产生变化，比如强反射的喷漆玻璃、亮光漆、金属和石材，在表现时至少要经过四个步骤才可表现出它的质感和变化（图4-6~图4-10）：第一遍用中灰平涂；第二遍用深灰处理，显示色调变化；第三遍用黑笔处理暗部；第四步用彩铅表现环境色。表现漫反射的哑光漆、丝织物或壁纸等可分为三个步骤：深灰→黑色→环境色。

图4-4　马克笔练习图2

图4-5　马克笔练习图3

图4-6　马克笔练习图4

图4-7　马克笔练习图5

图4-8　马克笔练习图6

图4-9　马克笔练习图7

图4-10　马克笔练习图8

2. 画面效果处理

（1）玻璃的表现：玻璃在空间设计里经常出现，**根据质感效果分为透明的玻璃、半透明的镀膜玻璃和不透明的镜面玻璃。**

在表现透明玻璃时，先把玻璃后的物体刻画出来（注意此时不要因顾及玻璃材质而弱处理玻璃后面的物体），然后将玻璃后的物体用灰色降低纯度，最后用彩铅浅浅涂出玻璃自身的淡绿色和因受反光影响而产生的环境色。

镀膜玻璃在表现过程中除了要有通透的感觉外，还要注意镜面的反光效果。

镜面玻璃的表现则要注重环境色彩和环境物体的映射关系，表现镜面映射影像时需要把握好度，刻画不能过于真实，

否则画面会缺乏整体感。

（2）光的表现：色彩是通过反射被人眼感知的一种现象。好的色彩表现是综合了物体的固有色和光源色。因为有了光与影的伴随，色彩在设计当中更具有生命力。在室内建筑空间中，设计师常运用光色表达主题。光分为两类：一是自然光；二是人工光源。对两者的合理运用创造出了很多优秀的作品。在自然光下，室内物象基本显现其固有色，虽然一天当中日光的色温是不断变化的，清晨和傍晚相对于正午来说，光色是偏黄红的，但日光的色温变化不大且相对缓慢，所以室内色彩的变化不大。在表现日光时主要是表现物体的暗部色彩和物体的投影，因为这些面的色彩变化较多，往往受光面是暖色，暗部

和投影有冷暖的变化（整体感觉还是偏冷调）。当然，无论是室外自然光还是室内灯光，一定要注意阴影轮廓的透视关系。

室内灯光的表现主要有三种：**灯带、筒灯和娱乐场所的投光灯**。表现灯带的步骤是从浅到深晕染，注意每遍叠加的色彩反差不要太大；表现壁灯、筒灯是第一遍平涂，快干时留出灯光轮廓，其他地方加重；表现投光灯的光束也很简单，发光点区域留白，剩余部分淡淡涂色，然后把光束背景涂重。这和刻画室内光感时用背景重色衬托的方法相一致，也就是说所有光的效果表现都是由深色的背景衬托出来的。

（3）修正液的使用：修正液经常用于马克笔表现图中。它可以修正画错的结构线和渗出轮廓线的色彩，表现某些物体的高光点。修正液不宜大面积使用，但使用得当有时会产生意想不到的效果。

（4）特殊手法：有时也需要尝试一些特殊处理手法，比如在表现酒吧灯光照射的效果时，在着色之前打开笔头，注入大量的溶剂，稍等片刻后快速涂到所需要表现的部分，等快干时再同色叠加，刻画明暗关系，干透后对深色做阴影处理。

（5）重复形体的处理：在空间表现中经常会碰到重复的形体，此时要注意每一单元的细微变化。先画大形体（受光部）的明暗过渡，然后刻画暗部的变化。要做到每一单元都有变化而又不失画面的整体感（图4-11~图4-15）。

图4-11　马克笔练习图9

图4-12　马克笔练习图10

图4-13　马克笔练习图11

图4-14 马克笔练习图12

图4-15 马克笔练习图13

（6）彩铅表现：彩色铅笔是手绘表现中常用的工具，彩铅常用在画面的细节处理上，如灯光色彩的过渡、材质的纹理表现等（图4-16）。但因其颗粒感较强，对于光滑质感的表现极差，如玻璃、石材、亮面漆等。使用彩铅作画时要注意空间感的处理和材质的准确表达，避免画面太艳或太灰。由于彩铅色彩叠加次数多了画面会"发腻"，所以用色要准确，下笔要果断。尽量一遍就达到画面所需要的整体效果，然后再深入调整画面的细节（图4-17）。

图4-16　彩铅效果

38

图4-17　马克笔练习图14

马克笔是绘制手绘彩色效果图时最常用的工具之一。马克笔分为水性马克笔和油性马克笔两种。手绘时多采用油性马克笔，因为油性马克笔有较强的渗透力，干得比较快，而且颜色鲜艳，反复涂写后纸张也不容易起毛。

本 / 章 / 小 / 结

　　本章通过对马克笔的特性及笔法的分析，介绍了马克笔在室内设计表现中的应用。在马克笔的实际应用中，着色时要注意用笔的次序，要从上到下、先浅后深画出界面大的色彩关系，考虑色彩叠加后产生的画面色彩变化，切忌零乱琐碎，线条要挺直有力、落笔要准、运笔要流畅，此外还要注意留白效果，调整好画面整体的色彩、光影及空间关系。

思考与练习

　　运用马克笔绘制线条、单体及组合物体作品各1幅，通过练习马克笔表现图，熟悉笔性和掌握笔感。并总结技巧和自己的不足。

第五章

风景写生

章节导读

- 写生的要点。
- 写生的意义。

手绘写生是直接面对对象进行描绘的绘画方法，包括风景写生、建筑写生、人像写生等（图5-1~图5-4）。写生的内容十分广泛，包括建筑、结构、空间、材料、光影、环境等诸多方面。通过观察与分析，经过绘图者的提炼概括，进而表现在纸面上。要注意画面黑、白、灰之间的比例关系，使画面富有强烈的视觉感。写生有以下几个要点。

（1）坚硬、明确、流畅是直线的主要特点，在画面中要充分体现。

（2）简单的线条通过重叠，同样能表达空间感。

（3）自信的线条能使形象更为生动。

（4）空间中距离越远的建筑在处理手法上要越简单、概括。

（5）远景山体画出轮廓即可。

（6）物体的转折（即明暗交界处）采用粗笔更容易塑造。

（7）通过物体位置的远近和形体的大小来表达空间感。

（8）远处景物可用细线表达。

（9）当主体处于亮面时，有时需要

加深局部背景衬托，反之亦然。

（10）写生时应做到用笔肯定、大

胆、细致，使画面轻松、豪放却不失整体感。

写生练习应该达到这样的境界：在写生中发现意境、在写生中创造典型形象、在写生中创造表现方法和笔墨程式。

42

图5-1　建筑民居写生1（袁玉华 作）

图5-2　建筑民居写生2（王小丽 作）

图5-3　建筑民居写生3（王小丽 作）

图5-4　建筑民居写生4（王小丽 作）

小贴士

　　环境艺术设计、风景园林等专业的学生进行风景写生练习，不仅可以培养观察和表现对象的能力，而且可以养成不断向生活学习的习惯，体会到生活是设计的源泉，并在这个过程中不断提升创意思维能力，为之后的设计实践打下坚实的基础。

本 / 章 / 小 / 结

本章讲述了风景写生的要点及意义等内容。风景写生的深入刻画一般从主体景物的精彩部分开始，进而逐步展开，画面主体中心部分以设置中景居多，风景素描中，对画面整体气势的把握至为重要。在表现手法与艺术处理方面，应紧紧地围绕画面总体气氛作出加工和调整，使之和谐而富有艺术的美感。

思考与练习

手绘写生作品2幅。通过观察、分析与提炼，将物象概括地表现在纸面上，并总结实用技巧和自己的不足。

第六章

快题设计

章节
导读

■ 建筑快题设计。
■ 室内快题设计。

　　表达性的思考草图在方案设计初期应用十分广泛，它是一种设计思考的随意释放，是对方案的探讨。在这一阶段中，我们把对方案的理解以及设想用图示的语言在纸面上表现出来，形成可视化语言，这种语言就是我们平常所说的方案草图。

　　方案草图也称为图解思考分析，它是一种用速写形式的草图来帮助思考的设计思维表达形式。在实际工作中，这类思考通常与设计构思相联系。这种草图的表达没有限制，可以任意地勾画，它既可以是一点一线，也可以是繁复的透视图，只要对方案有表达意义的图示都可以在纸面上涂鸦。优秀的设计师通过透视图、平面图、剖面图、细节图以及概念图等灵活地表达自己的创意。草图表达大多是片段性的，显得轻松而随意。在进行草图表达时应很清楚地意识到：现在所画的不是艺术作品，没有必要去刻意追求形式和构图美，草图只是在设计中与自己探讨的手段而已。

第一节
快题设计的概念

设计是一个从无到有的理念转化的过程，是设计构思向实际方案转化的一种特殊表现形式。室内设计思维作为视觉艺术思维的一部分，它主要以**图形语言作为表达手段，本身融合了科学、艺术、功能、审美等多元化要素**。从概念到方案，从方案到施工，从平面到空间，从装修到陈设，每个环节都有不同的专业内容，只有将这些内容高度统一才能得出符合功能与审美要求的设计。所谓快题设计是在限定的较短时间内完成方案的创意定位、初始草图、深入草图、简要施工图以及效果图。主要强调"快"字，即审题快、把握设计要求快、创意定位快、整理要素快、草图表现快、方案完成快等。

第二节
快题设计的应用意义

快题设计对培养创造力和表现力起着重要作用。快题设计在各个方面应用十分广泛，有着重要的意义。

1. 普通高校环境艺术设计等专业的必修课程

室内快题设计要求在规定的较短时间里完成设计方案，设计过程科学合理，创意表达准确到位。通过训练，可启发设计思维与创新意识，培养对设计表现的整体控制能力，提高快速汇总有效信息、快速形成创意、快速表达设计方案的能力。

2. 环境艺术设计等专业学生考研的必备技法

由于快题设计的表达特性和快捷方便的设计方法，近年来成为高校考研学生必备的设计技法之一。研究生的专业入学考试不同于本科生的专业入学考试，本科生的入学考试重点考查其基本造型和设计能力，而研究生的入学考试重点考查学生的专业综合设计能力和创意表达能力，要求创意新颖、技法娴熟，在有限的时间里，表达丰富的设计内涵。

3.环境艺术设计等专业毕业生应聘时常遇到的考试方法

环境艺术设计等专业的毕业生在应聘时，多数设计公司会通过快题设计进行现场考核，检验其综合设计能力，在较短的时间里考查应试者的设计素质与潜力、创作思维活跃程度以及图面的表达功底。

4.装饰公司设计人员的得力助手

通常对于一项装饰工程的设计，设计师总要花费相当长的时间对设计方案进行反复推敲、修改、完善，以便尽可能把设计矛盾在图纸上解决。因此，设计师要打破设计常规，在较短时间内设计一个可供发展的方案。另外，在蓬勃发展的建筑行业中，经常需要设计师尽快拿出方案，运用快题设计的工作方法，可以迅速地创作出一个独特的方案参与竞标或供主管部门审批。

第三节
快题设计的创意概念定位

快题设计的"快"首先体现在整个方案的创意概念定位上，创意概念定位是指对设计方案的总体分割、文脉表达、设计语言形式等主要概念性的问题进行创意定位。创意概念定位也是整体设计方案思维过程的开始。如何在较短的时间里完成创意概念的定位？在设计中需要重点思考以下几个问题。

（1）室内设计装饰风格的定位：在设计过程中，选择何种装饰风格对于设计师来说是非常重要的。设计师应把握时代气息及设计潮流，创造出具有独特魅力的个人风格，将空间艺术的各种处理手法、设计语言与设计风格完美地统一起来。

（2）历史文脉的定位：由于不同地域、不同历史文化所带来的影响，针对不同环境的设计通常具有不同的文化内涵，在设计定位中要认真研究其历史文脉对室内设计的影响。

（3）室内光环境的设计定位：完美的室内照明设计，应当充分满足功能和审美两方面的需求，光环境的设计会给人的情感带来或积极或消极的影响，所以光环境的设计和定位直接影响到室内各个界面的设计表现。

（4）设计语言定位：在空间形式设计中，要运用不同形态的点、线、面等设计语言来表现空间中的造型，以具有形式美的表现符号增加空间的艺术感。

（5）装饰材料与施工工艺的初步定位：材料和施工工艺的选择也是室内设计的重要工作，有助于整体方案的实现。

第四节
建筑快题任务书分析

对于建筑快题任务书要从两个方面进行分析。

1. **设计条件分析**

设计前期要进行大量的信息收集工作，此时，设计工作还不能展开，之后，要对信息进行整理、分析，为之后的设计构思理清思路。条件分析包括对设计任务书的分析和对建筑条件图的分析。

（1）对设计任务书的分析：一般而言，设计任务书都会给出建筑的外部条件。从区位环境到地段环境甚至重要的室内设计项目均会提及，这些外部条件对确定建筑设计走向有着重要的意义，同时对该建筑各个室内空间的设计也会产生一定的影响。比如房间的朝向、景向、风向、日照、外界噪声源、污染源等都会影响室内设计的思路和方案处理手法。因此，从设计任务书中要分析哪些自然条件对室内设计不利，以便在室内设计中有针对性地进行处理。另外，设计任务书的重点就是对各个室内空间设计要求的阐述，由于各个空间的布局已在建筑设计中确定，此时，就要对这些空间的功能性质、功能要求、各空间的功能关系、空间特征以及它们对各自风格、气氛、意境的影响等设计因素进行仔细分析,以便确立设计目标。

(2)对建筑条件图的分析:对建筑条件图的分析,室内设计师所要做的工作包括以下几点。

①分析建筑结构形式。

面对建筑条件图,室内设计师要从中了解哪些是承重结构体系,它们不可随意变动;哪些是非承重结构体系,根据空间布局可以做适当更改,这是保证建筑安全必须进行的分析工作。

②分析建筑功能布局是否合理完善。

建筑设计尽管在功能设计上做了大量研究,确定了功能布局方式,但仍可能有不妥之处,室内设计师要从实际功用着眼,进一步检查建筑条件需要完善的部分。这是室内设计与建筑设计互动的过程。

③分析各房间门的设置是否合理。

建筑内的门众多,要检查一下数量和宽度是否符合规范要求,位置上对室内家具配置是否有影响,门洞口的高度在尺寸上是否合适等。

④分析水平与垂直交通体系。

分析室内走廊及楼梯、电梯、自动扶梯在建筑平面中是怎样布局的,它们如何将室内空间分割,又是如何使流线联系起来的。

⑤分析室内空间的特征。

确定空间是围合还是流通,是封闭还是通透,是高耸还是压抑。

⑥分析设备、后勤用房对使用空间的影响。

确定这些用房是开阔的还是狭小的,

分析建筑物内一些能产生气味、噪声、烟尘的房间会对使用空间带来多大程度的不利影响,以及怎样把这些不利影响降到最低。

⑦分析各种管线在室内的走向及其占据的空间。

室内设计师在分析建筑条件图时,还要阅读其他工种的图样,从中分析管线在室内的走向和标高,以便在室内设计时采取对策。

此设计阶段的条件分析应该是全方位的,从中可看出设计者的分析能力,同时也是衡量室内设计师业务素质的重要参照条件之一。

2. 流线分析

(1)理清流线秩序,完善功能布局。

建筑设计的目标之一是创造内部空间,但这个内部空间对于使用者来说还很粗糙,对特定功能的考虑还不够周到和细致,为了使人在这个室内空间中真正感觉到舒适,就要进行适宜的室内设计。

①调整不合理的功能布局。

根据条件分析中对建筑平面布局的全面检查,对局部功能布局不太合理的房间进行调整,这是展开室内平面设计的前提。调整的原则是各房间的布局应符合该建筑的功能设计原理,如住宅建筑中各个房间在总体布局上要使公共区(客厅、餐厅、厨房)与私密区(卧室、书房、储藏间)的分区明确。一般情况下,这一基本要求在建筑设计中已经满足了,但某些住宅设计总会在这个基本设计问题上出现偏差，或者住户有新的要求。在室内设计中设计师一定要尽可能将功能布局调整好。

在商业建筑中，更要注意功能布局的合理性。在室内设计中审视建筑平面关系时，若个别房间安排不合适，就需要采取相应的设计手段解决矛盾，例如舞厅旁有需要安静环境的展览室，就需权衡考虑如何将两者距离拉开。因此，建筑平面的功能调整是着手室内设计首先要考虑和解决的问题。

②进行补缺工作。

按照建筑类型应有的功能内容进行补缺是一项很细致的工作，缺少任何一项必需的功能都将给业主今后的生活带来麻烦。按照现代高质量的居住生活要求，每户都需要一个门斗的空间，虽然面积不大，可它却是入户的第一关，不但可起到户内外空间过渡、隔离外界干扰的作用，而且还可作为换鞋整妆的空间，因此在平面设计中，要想方设法将它创造出来，且不破坏原来房间的完整性。

③调整功能分区。

设计中总有局部流线交叉、不通畅的问题，需要尽早发现并形成解决方案。当对一座老建筑进行改造，甚至在功能发生置换的情况下进行室内设计时，应首先在已有的建筑框架内进行室内设计，这要比进行新设计更困难，如同改一件旧衣服比做一件新衣服要难一样。设计时需进行有限定条件的功能设计，考虑合理的功能分区。在这个过程中，不可避免地要开洞、拆墙、加隔断，甚至更改或者增添卫生间、配电用房等。

（2）提高平面有效使用系数。

室内空间包含使用面积、交通面积、辅助面积等，它们各自在室内占有一定比例。从经济性考虑，我们要尽可能扩大使用面积，以提高平面使用系数，且在合理的标准下，尽可能减少辅助面积。

为了提高平面使用系数，快题设计可以从以下几方面着手。

①压缩过于宽大的走道、过厅面积。

要按设计规范确定正常的过道宽度，按交通流线确定过厅大小，再与舒适度和空间感对照查看是否有减少面积的潜力。

②提高辅助面积的使用价值。

压缩交通面积有时会受到建筑技术因素的制约，无法把面积减下来，此时可以换个思路，从提高交通面积的使用价值考虑，如将部分面积作为景观来设计，这样不仅提高了交通面积的环境质量，而且因增加了功能内容，在侧面上减少了交通面积。

（3）改善平面形态。

房间的平面形态与功能使用要求和视觉审美有很大关系，与房间的面积大小有时也密切相关，在平面设计中对这一问题需要特别关注。

平面形态包括两个方面的内容：一是平面形状；二是平面比例关系。

①调整平面形状。

室内平面的形状（特别是对于小房间）多为矩形或方形。因为它们与常规家具形状较匹配，利于家具配置设计。若房间面积较大，房间的家具配置要求较宽松，也不妨采用异形平面，如三角形、多

51

边形、圆形、弧形等。只要符合形式与内容有机统一的原则即可。

②调整平面比例关系。

有时房间呈现似走廊的平面形态，过分狭长，使用不利，采光、通风也可能受到影响，遇此情况一定要设法将平面比例关系调整好。

（4）调整洞口形态与位置。

①提高空间使用质量。

②组织室内流线和布置家具。

③有利于通行。

第五节
快题设计案例

（1）室内快题设计：某别墅设计方案见图6-1~图6-12。

（2）建筑快题设计：见图6-13、图6-14。

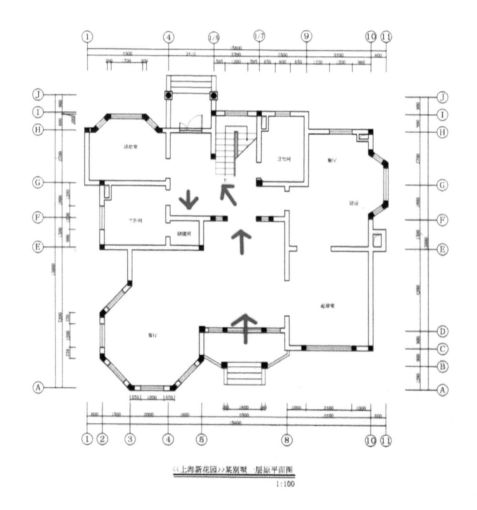

图6-1 某别墅一层原平面图（岑志强 作）

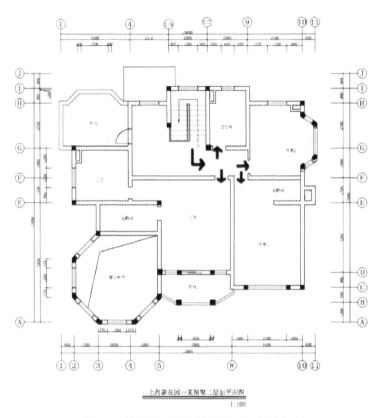

图6-2　某别墅二层原平面图（岑志强 作）

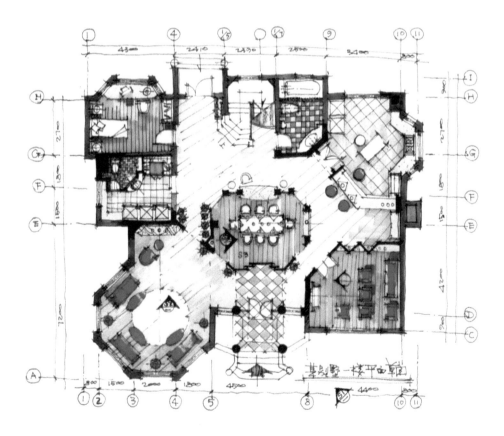

图6-3　某别墅一楼平面草图（岑志强 作）

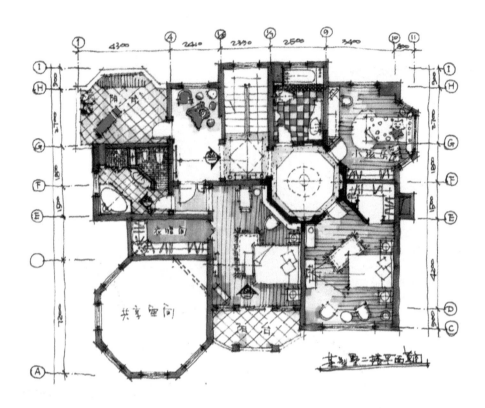

图6-4　某别墅二楼平面草图（岑志强 作）

图6-5　客厅透视图1（岑志强 作）

图6-6 客厅透视图2（岑志强 作）

图6-7 客厅透视图3（岑志强 作）

图6-8　别墅外观草图（岑志强 作）

图6-9　餐厅草图（岑志强 作）

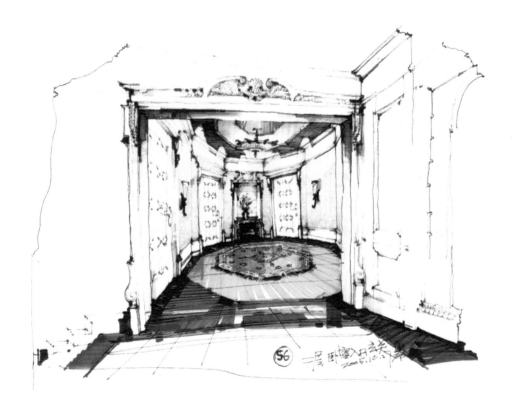

图6-10　二层卧室入口玄关草图（岑志强 作）

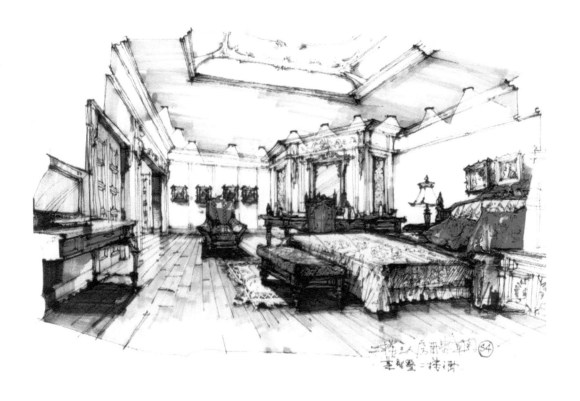

图6-11　二楼卧室草图（岑志强 作）

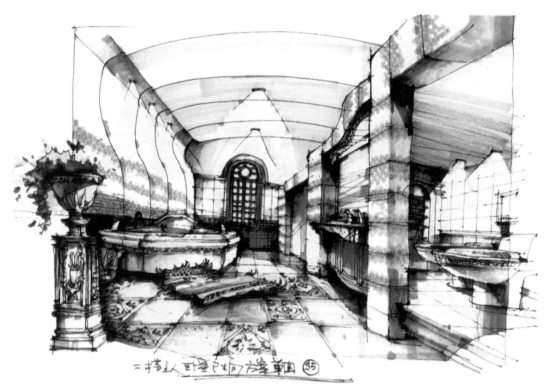

图6-12　二楼卧室卫生间草图（岑志强 作）

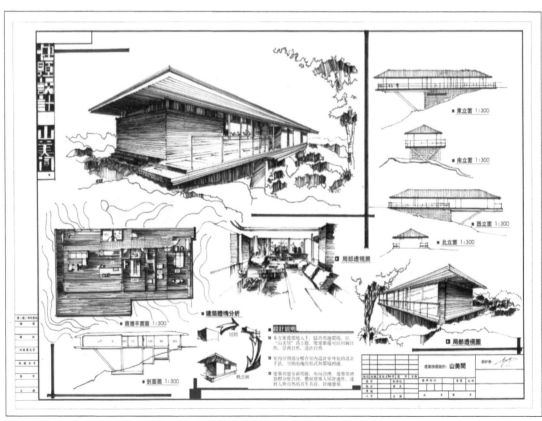

图6-13　建筑快题设计——山美间（袁玉华 作）

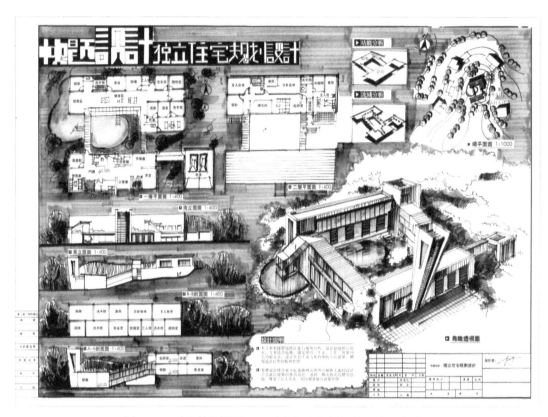

图6-14 建筑快题设计——独立住宅规划设计（袁玉华 作）

第六节
快题设计时间分配及评判标准

快题设计要合理分配时间，对于快题设计的评判标准也要做到心里有数。

1. 时间分配

（1）审题不超过半小时。在此期间可以做一些基础性的工作，如写标题、画图框等。要搞清楚设计对象的功能和性质，环境潜在的设计条件，及形象和形体需要产生什么样的文化联想。

（2）构思立意大约需要90分钟。必须边想边画草图，潦草没有关系，但得有比例关系。要计算面积和体量，决定空间组合是水平布局还是垂直叠落。要计算基地的面积和尺寸，决定总平面布局的空间秩序和外部空间的形式。

（3）尺寸放样大约需要30分钟。在准备好的正式图纸上，用铅笔放样，最好选"H"以上型号，避免图面显得"脏"。千万不要在另一张纸上画好了，再誊到正式图上，以免浪费时间。按要求的平面图、立面图、剖面图的图纸比例，计算每张图的大小，进行简单的图画排版。最好先确定柱网或空间的基本模数，在平面、立面、剖面上用铅笔画上轴线，避免出现错误。

（4）细部设计大约需要60分钟。决定平面、立面、剖面的细部和空间处理方式，同步画透视草图，注意平面图、立面图、剖面图的对应关系，以及透视的方位和细节的表现。

（5）绘图表现大约需要4小时。不需要很多线条和色彩，保证清晰明了、统一才是关键。

（6）拾遗补漏大约需要30分钟。看看是否有遗漏，任务书是否完成，检查姓名、号码是否误写等。

2. 基本的评价标准

先讲讲看图的情况。评阅人首先将所有的图并列铺排在一起，进行整体浏览，并将所有的方案大致分为3级：良好、一般和不及格。比例大致是2∶3∶5，也就是说，一半左右的方案在很短的时间里就已经被淘汰了。接下来，再经过比较，挑出一部分可评为"良好"的，余下的被归入"一般"。在"良好"中，出类拔萃的方案会被定为"优秀"，这个比例比较小，一般也就评出3~5份。

每张图被关注的时间较短，长的不过十几分钟，短的可能只有几秒钟。所以，不能吸引眼球的首先就会被淘汰。后面我们再分析，一幅图怎样吸引眼球。

所有的方案都是被对比着评价的，就是说每个方案都不是被孤立评价的，如果不能在包围中突显出来，很可能会被淘汰。

下面总结一下最容易在第一轮被淘汰的方案：苍白、粗糙、严重缺图、严重违规、构图失调等。

（1）苍白：图面过于暗淡，用笔过轻、过细，缺乏力度，用铅笔画图常常会出现这样的问题。

（2）粗糙：给人不会画图的感觉。

（3）严重缺图：缺少了任务书所要求的图和其他内容。

（4）严重违规：图纸规格与题目要求不符，规格不统一；图纸比例与任务书要求不符；出现与设计内容不相符的特殊记号或奇怪符号；规定不能写姓名的写了姓名等。

（5）构图失调：构图失调主要是排版问题，表现为过挤或过松，留白过多。可以通过加强排版练习来解决。先把所要求的各种图做成简单的"纸样"，在图纸上摆一摆，然后再正式画。

苍白、杂乱、粗糙等问题是与画图基本功和画图习惯相关的，必须通过不断画图来解决。只要肯下功夫，是可以找到一条扬长避短之路的。

一般级别为"良好"的设计具有如下特点。

（1）干净。做设计，图面不能"脏"，要干净、整洁。

（2）丰富。要内容多、信息量大。

（3）有层次。画面不呆板，线条有层次（粗细有区分），色彩有层次（浓淡相宜），表达有层次（总图、平面图、立面图、剖面图、详图、分析图等表述有条理）。

（4）重点突出。画面有视觉中心，有吸引视线的地方，不平淡。丰富而不杂乱，有节制不夸张。

（5）高于期待值。高于出题人和评图人的期待值（图6-15~图6-17）。

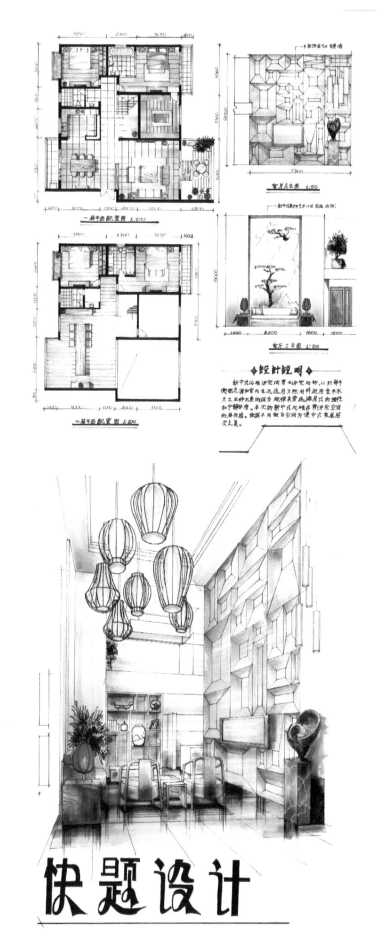

图6-15 室内设计中式风格快题表现1（文莲 作 指导老师：刘飞 袁玉华）

图6-16　室内设计中式风格快题表现2（吴丽欣 作　指导老师：袁玉华　刘飞）

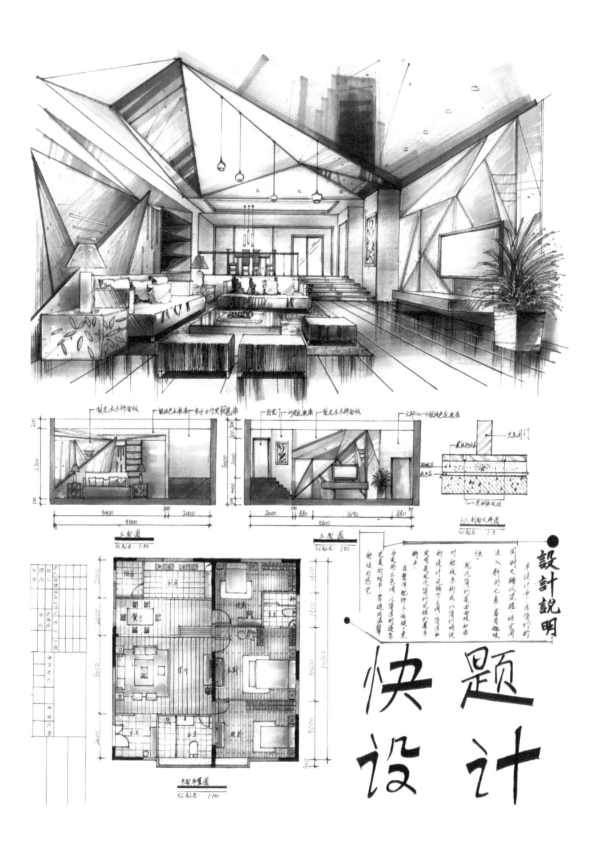

图6-17　室内设计现代风格快题表现（董远璇 作　指导老师：袁玉华　刘飞）

小贴士

快题设计中应遵循的原则如下。

（1）整体性原则。整体性包括设计的整体性（结构清晰、布局合理）、图纸表达的整体性（排版紧凑、表达完整连贯）。

（2）完整性原则。即尽可能地满足设计任务书的要求，设计内容要和任务书相符，同时要画清楚，写明白。

（3）凸显性原则。在设计时要抓大放小，突出重点，表现创意。

本 / 章 / 小 / 结

本章介绍了快题设计的概念、应用意义、创意概念定位等内容，还对快题任务书的分析方法进行了介绍，并对实际快题设计中的时间分配及评判标准进行了解释。与速写注重表现形式和技法的训练不同，快题设计更注重构思和创意，故而可以是表现对象的设计创作草图，也可以加入图表、文字、形态并作综合解释和说明。

思考与练习

设计3套样板房（含中式、现代、欧式风格），比例自定，创意新颖。

第七章

作品案例

章节导读

■ 作品案例赏析。

　　下面有一些优秀作品可供借鉴与欣赏。

　　（1）室内设计空间表现：图7-1~图7-4。

　　（2）建筑民居写生表现：图7-5~图7-7。

　　（3）建筑景观写生表现：图7-8。

　　（4）建筑手绘表现：图7-9、图7-10。

　　（5）室内设计手绘表现：图7-11~

图7-51。

　　（6）建筑景观手绘表现：图7-52~图7-59。

　　（7）建筑民居手绘写生表现：图7-60~图7-62。

　　（8）建筑城市规划手绘表现：图7-63、图7-64。

　　（9）建筑景观规划手绘表现：图7-65、图7-66。

图7-1　室内设计空间表现1（袁玉华 作）

图7-2　室内设计空间表现2（袁玉华 作）

图7-3 室内设计空间表现3（袁玉华 作）

图7-4 室内设计空间表现4（袁玉华 作）

图7-5　建筑民居写生表现1（袁玉华 作）　　　　图7-6　建筑民居写生表现2（袁玉华 作）

图7-7　建筑民居写生表现3（袁玉华 作）

图7-8　建筑景观写生表现（袁玉华 作）

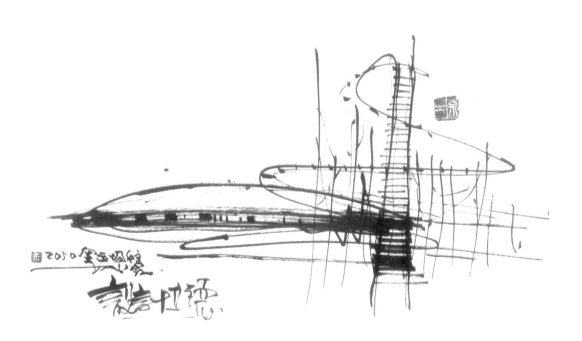

图7-9　建筑手绘表现1（余静赣 作）

图7-10　建筑手绘表现2（郑昌辉 作）

图7-11 室内设计手绘表现1（陈红卫 作）

图7-12 室内设计手绘表现2（陈红卫 作）

图7-13 室内设计手绘表现3（陈红卫 作）

图7-14 室内设计手绘表现4（陈红卫 作）

图7-15　室内设计手绘表现5（陈红卫 作）

图7-16　室内设计手绘表现6（陈红卫 作）

图7-17　室内设计手绘表现7（陈红卫作）

图7-18　室内设计手绘表现8（陈红卫作）

图7-19　室内设计手绘表现9（陈红卫 作）

图7-20　室内设计手绘表现10（陈红卫 作）

图7-21 室内设计手绘表现11（陈红卫作）

图7-22 室内设计手绘表现12（陈红卫作）

图7-23　室内设计手绘表现13（陈红卫 作）

图7-24　室内设计手绘表现14（岑志强 作）

图7-25 室内设计手绘表现15（岑志强 作）

图7-26 室内设计手绘表现16（尚龙勇 作）

图7-27　室内设计手绘表现17（尚龙勇 作）

图7-28　室内设计手绘表现18（尚龙勇 作）

图7-29　室内设计手绘表现19（尚龙勇 作）

图7-30　室内设计手绘表现20（尚龙勇 作）

图7-31　室内设计手绘表现21（尚龙勇 作）

图7-32　室内设计手绘表现22（尚龙勇 作）

图7-33 室内设计手绘表现23（尚龙勇 作）

图7-34 室内设计手绘表现24（尚龙勇 作）

图7-35　室内设计手绘表现25（尚龙勇 作）

图7-36　室内设计手绘表现26（尚龙勇 作）

图7-37　室内设计手绘表现27（尚龙勇 作）

图7-38　室内设计手绘表现28（尚龙勇 作）

图7-39　室内设计手绘表现29（尚龙勇 作）

图7-40　室内设计手绘表现30（尚龙勇 作）

图7-41　室内设计手绘表现31（尚龙勇 作）

图7-42　室内设计手绘表现32（尚龙勇 作）

图7-43　室内设计手绘表现33（尚龙勇 作）

图7-44　室内设计手绘表现34（尚龙勇 作）

图7-45　室内设计手绘表现35（尚龙勇作）

图7-46　室内设计手绘表现36（尚龙勇作）

图7-47　室内设计手绘表现37（尚龙勇 作）

图7-48　室内设计手绘表现38（尚龙勇 作）

图7-49　室内设计手绘表现39（尚龙勇 作）

图7-50　室内设计手绘表现40（尚龙勇 作）

图7-51　室内设计手绘表现41（尚龙勇 作）

图7-52　建筑景观手绘表现1（陈卫红 作）

图7-53 建筑景观手绘表现2（陈卫红 作）

图7-54 建筑景观手绘表现3（陈卫红 作）

图7-55　建筑景观手绘表现4（陈卫红 作）

图7-56　建筑景观手绘表现5（陈卫红 作）

图7-57 建筑景观手绘表现6（陈卫红 作）

图7-58 建筑景观手绘表现7（陈卫红 作）

图7-59　建筑景观手绘表现8（陈卫红 作）

图7-60　建筑民居手绘写生表现1（岑志强 作）

图7-61 建筑民居手绘写生表现2（岑志强 作）

图7-62 建筑民居手绘写生表现3（岑志强 作）

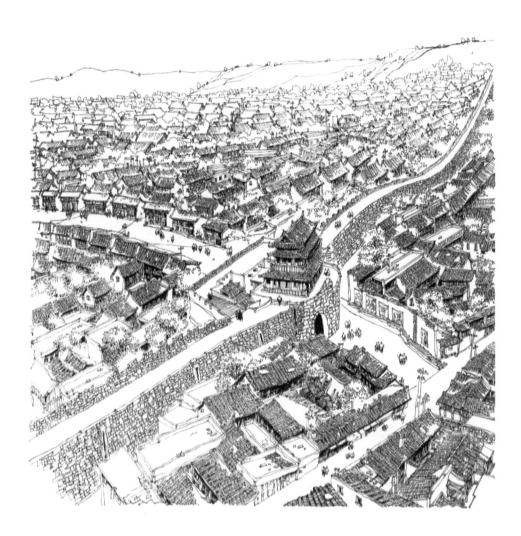

图7-63　建筑城市规划手绘表现1（郑昌辉 作）

图7-64　建筑城市规划手绘表现2（郑昌辉 作）

图7-65 建筑景观规划手绘表现1（郑昌辉 作）

图7-66 建筑景观规划手绘表现2（郑昌辉 作）

章节
导读

■ 室内家具设计的基本尺寸。
■ 室内常用尺寸。

第一节

室内家具设计的基本尺寸

（1）衣橱。深度：一般60~65cm。衣橱门宽度：40~65cm。推拉门宽度：70~150cm。高度：190~240cm。

（2）矮柜。深度：35~45cm。柜门宽度：30~60cm。

（3）电视柜。深度：45~60cm。高度：60~70cm。

（4）单人床。宽度：90cm，105cm，120cm。长度：180cm，186cm，200cm，210cm。

（5）双人床。宽度：135cm,150cm,180cm。长度：180cm,186cm,200cm,210cm。

（6）圆床。直径：186cm,212.5cm,242.4cm（常用）。

（7）室内门。宽度：80~95cm（医院120cm）。高度：190cm，200cm,210cm，220cm,240cm。

（8）厕所、厨房门。宽度：80cm,90cm。高度：190cm,200cm,210cm。

（9）窗帘盒。高度：12~18cm。深

在进行室内设计时要紧密结合人体工程学的相关理论知识，以使设计方案不仅可以满足功能需求，还能满足人们的心理及审美需求。

度：单层布12cm；双层布16~18cm（实际尺寸）。

（10）沙发。

①单人式。长度：80~95cm。深度85~90cm。坐垫高：35~42cm。背高：70~90cm。

②正方形。长度：75~90cm。高度：43~50cm。

③长方形。长度：150~180cm。宽度：60~80cm；高度：33~42cm（33cm最佳）。

④圆形。直径：75cm,90cm,105cm,120cm。高度：33~42cm。

⑤方形：宽度：90cm,105cm,120cm,135cm,150cm；高度：33~42cm。

（11）书桌。

①固定式。深度：45~70cm（60cm最佳）。高度：75cm。

②活动式。深度：65~80cm。高度：75~78cm。

书桌下缘离地面至少58cm。长度：最少90cm（150~180cm最佳）。

（12）餐桌。

①一般餐桌。高度：75~78cm。西式餐桌。高度：68~72cm。

②一般方桌。宽度：120cm,90cm,75cm。

③长方桌。宽度：80cm,90cm,105cm,120cm。长度：150cm,165cm,180cm,210cm,240cm。

④圆桌。直径：90cm,120cm,135cm,150cm,180cm。

（13）书架。深度：25~40cm（每一格），长度：60~120cm。下大上小型的下方深度：35~45cm；高度：80~90cm。

（14）活动、未及顶高柜。深度：45cm；高度：180~200cm。

（15）木隔间。墙厚：6~10cm。内角材排距：长度45~60cm。

第二节
室内常用尺寸

1. 墙面尺寸

（1）踢脚板。高：80~200mm。

（2）墙裙。高：800~1500mm。

（3）挂镜线。高（画中心距地面高度）：1600~1800mm。

2. 餐厅

（1）餐桌。高：750~790mm。

（2）餐椅。高：450~500mm。

（3）圆桌。直径：两人500mm；三人800mm；四人900mm；五人1100mm；六人1100~1250mm；八人1300mm；十人1500mm；十二人1800mm。

（4）方餐桌。尺寸：两人700mm×850mm；四人1350mm×850mm；八人2250mm×850mm。

（5）餐桌转盘。直径：700~800mm。

（6）餐桌。间距：（其中座椅占500mm）应大于500mm。

（7）主通道。宽：1200~1300mm。

（8）内部工作道。宽：600~900mm。

（9）酒吧台。高：900~1050mm。宽：500mm。

（10）酒吧凳。高：600~750mm。

3. 商场营业厅

（1）单边双人走道。宽：1600mm。

（2）双边双人走道。宽：2000mm。

（3）双边三人走道。宽：2300mm。

（4）双边四人走道。宽：3000mm。

（5）营业员柜台走道。宽：800mm。

（6）营业员货柜台。厚：600mm。高：800~1000mm。

（7）单靠背立货架。厚：300~500mm。高：1800~2300mm。

（8）双靠背立货架。厚：600~800mm。高：1800~2300mm。

（9）小商品橱窗。厚：500~800mm。高：400~1200mm。

（10）陈列地台。高：400~800mm。

（11）敞开式货架。厚400~600mm。

（12）放射式售货架。直径：2000mm。

（13）收款台。长：1600mm。宽：600mm。

4. 饭店客房

（1）标准面积。大：25㎡。中：16~18㎡。小：16㎡。

（2）床。高：400~450mm。床靠高：850~950mm。

（3）床头柜。高：500~700mm。宽：500~600mm。

（4）写字台。长：1100~1500mm。宽：450~600mm。高：700~750mm。

（5）行李台。长：910~1070mm；

宽：500mm；高：400mm。

（6）衣柜。宽：800~1200mm。高：1600~2000mm。深：500mm。

（7）沙发。宽：600~800mm。高：350~400mm。靠背高：1000mm。

（8）衣架。高：1700~1900mm。

5. 卫生间

（1）卫生间。面积：3~5㎡。

（2）浴缸。长：1220mm，1520mm，1680mm。宽：720mm。高：450mm。

（3）坐便器：尺寸：750mm×350mm。

（4）冲洗器：尺寸：690mm×350mm。

（5）盥洗盆：尺寸：550mm×410mm。

（6）淋浴器。高：2100mm。

（7）化妆台。长：1350mm。宽：450mm。

6. 会议室

（1）中心会议室。会议桌边长：600mm。

（2）环式高级会议室。环形内线长：700~1000mm。

（3）环式会议室服务通道。宽：600~800mm。

7. 交通空间

（1）楼梯间休息平台。净空：等于或大于2100mm。

（2）楼梯跑道。净空：等于或大于2300mm。

（3）客厅走廊。高：等于或大于2400mm。

103

（4）两侧设座的综合式走廊。宽度：等于或大于2500mm。

（5）楼梯扶手。高：850~1100mm。

（6）门的常用尺寸。宽：850~1000mm。

（7）窗的常用尺寸。宽：400~1800mm（不包括组合式窗）。

（8）窗台。高：800~1200mm。

8. 灯具

（1）大吊灯。最小高度：2400mm。

（2）壁灯。高：1500~1800mm。

（3）反光灯槽。最小直径：等于或大于灯管直径的两倍。

（4）壁式床头灯。高：1200~1400mm。

（5）照明开关。高：1000mm。

9. 办公家具

（1）办公桌。长：1200~1600mm。宽：500~650mm。高：700~800mm。

（2）办公椅。高：400~450mm。长×宽：450mm×450mm。

（3）沙发。宽：600~800mm。高：350~400mm。靠背高：1000mm。

（4）茶几。前置型：900mm×400mm×400mm（高）。中心型：900mm×900mm×400mm、700mm×700mm×400mm。左右型：600mm×400mm×400mm。

（5）书柜。高：1800mm。宽：1200~1500mm。深：450~500mm。

（6）书架。高：1800mm。宽：1000~1300mm。深：350~450mm。

本 / 章 / 小 / 结

本章介绍了室内设计中家具及其他设施的常用基本尺寸。在表现室内环境的时候，必须要掌握人体活动所需的最基本尺寸，并依据人的能动学、心理学、生理学等了解并掌握人的活动能力及其活动极限，从而使人们在适当的工作环境及起居条件下，更加方便地工作、生活及使用器具。

参考文献
References

[1] 陈红卫. 陈红卫手绘表现技法[M]. 上海：东华大学出版社，2013.

[2] 杨健. 室内空间徒手表现技法[M]. 沈阳：辽宁科学技术出版社，2010.

[3] 许明. 最忆江南：江南民居钢笔画作品集[M]. 沈阳：辽宁美术出版社，2011.